Anja nimmt Abschied

Krankheit und Tod in der Familie

Text von Carolyn Nystrom
Illustrationen von Annabel Large

BRUNNEN VERLAG GIESSEN / BASEL

Titel der englischen Originalausgabe:
„Emma says Goodbye"

Aus dem Englischen von Hanna Rumler-Groß

CIP-Titelaufnahme der Deutschen Bibliothek:

Anja nimmt Abschied: Krankheit und Tod in der Familie /
Text von Carolyn Nystrom. Ill. von Annabel Large.
[Aus d. Engl. von Hanna Rumler-Gross]. –
Giessen; Basel : Brunnen-Verl., 1991
Einheitssacht.: Emma says goodbye ‹dt.›
ISBN 3-7655-5662-9
NE: Nystrom, Carolyn [Mitverf.]; Large, Annabel [Ill.]; EST

„Autsch!“ Schnell zog Anja ihre Hand zurück und blickte verärgert auf die Stecknadel, die aus dem Viereck der Patchworkdecke herausragte.

„Probier's doch mal hiermit“, sagte Tante Lis freundlich und hielt Anja einen Fingerhut vor die Nase. „Man muß sich zwar erst daran gewöhnen, aber so stichst du dir wenigstens nicht in den Finger.“

Anja sah sich genau an, wie Tante Lis den Fingerhut trug, dann stülpte sie sich selbst einen über den Zeigefinger.

Die Idee für die Decke stammte von Tante Lis, und Anja fand sie gut – wie die meisten Vorschläge ihrer Tante.

Anja dachte daran, was sie schon alles zusammen erlebt hatten, und rückte näher an die Tante heran, um sie in den Arm zu nehmen. Dabei achtete sie nicht auf die vielen Stoffstückchen, die für die Decke bestimmt waren und zu Boden fielen. „Ich mag dich, Tante Lis, und ich bin sehr froh, daß du zu uns gekommen bist und jetzt hier wohnst. Du bist meine Lieblingstante."

Tante Lis mußte lachen, als sie Anja an sich drückte. „Das ist aber kein besonderes Kompliment. Ich bin doch deine einzige Tante. In deiner Familie hat man anscheinend eine Vorliebe für Onkel."

Anja suchte ihre Patchwork-Stückchen zusammen und gab sich wieder den Erinnerungen hin.

„Weißt du noch, wie wir einmal den letzten Schultag gefeiert haben? Vor lauter Freude haben wir im Vorgarten radgeschlagen."

„Und was der Briefträger für ein Gesicht gemacht hat", erwiderte Tante Lis. Beide mußten lachen, als sie daran dachten, wie verdutzt er ausgesehen hatte.

„Weißt du noch, wie Martin im vergangenen Sommer seinen Wagen gewaschen hat und wir ihn vom Schlafzimmerfenster aus mit wassergefüllten Ballons beworfen haben?"

„Und wie dein Bruder dann versucht hat, uns mit dem Schlauch naßzuspritzen", kicherte Tante Lis.

„Kannst du nicht immer bei uns bleiben, Tante Lis?“ fragte Anja. „Das wäre doch schön. Oder mußt du bald wieder arbeiten gehen?“

Tante Lis biß sich auf die Lippe. „Ich weiß nicht“, sagte sie langsam. „Es gibt da einiges, was ich noch nicht genau weiß.“

Ein paar Minuten lang saßen die beiden schweigend nebeneinander. Dabei nähten sie eifrig pastellfarbene Stoffstückchen aneinander: Rosa wie die Apfelblüten, hellviolett und blaßgrün wie die Frühlingsblumen draußen.

Aber in diesem Moment bemerkte Anja den Frühling überhaupt nicht. Sie dachte nur an Tante Lis und was diese in den letzten Wochen alles erlebt hatte: Arzttermine, Untersuchungen, Röntgenaufnahmen, weißgekleidete Krankenschwestern, immer wieder Besuche bei Ärzten und im Krankenhaus – und zum Schluß die kurze Reise nach Hause, um gesund zu werden.

„Im Moment kann ich noch nicht wieder zur Arbeit gehen. Es fehlt mir einfach noch die Kraft“, seufzte Tante Lis.

Anja beugte sich über ihre Handarbeit. Gemeinsam mit Tante Lis hatte sie den Entwurf für diese Patchworkdecke gemacht: Aus acht verschiedenen Rechtecken sollte sie bestehen. Jeder von ihnen wollte vier davon zusammennähen – eines für jede Jahreszeit. Anschließend wurden die acht Rechtecke noch mit kleineren Quadraten in den Farben aller Jahreszeiten aneinandergenäht. Ganz zum Schluß mußten die einzelnen Stoffstückchen mit vielen kleinen Stichen abgesteppt werden, damit sich die einzelnen Felder besser voneinander abhoben.

Für das Frühlingsmuster heftete Anja nun ein blaßgelbes Dreieck an die eine Seite eines himmelblauen Rechtecks, dann drehte sie das Rechteck um und nähte ein zweites gelbes Dreieck an das andere Ende.

Tante Lis begann als erste zu reden. „Woran erinnert dich dein Viereck?" fragte sie. Anja drehte ihr Stück zwischen den Händen und betrachtete es nachdenklich.

„Ich weiß nicht recht", sagte sie schließlich. „Von dieser Seite erinnert es mich an den Spaten, mit dem Mutter gestern ihre neuen Rosen eingepflanzt hat – nur daß hier der Griff fehlt. Aber wenn man es so herumdreht, sieht es eher aus wie zwei Ruder von einem Boot."

„Ein Boot auf einem klaren Fluß", meinte Tante Lis. „Am liebsten würde ich gleich hineinspringen."

„Und woran denkst du bei deinem Viereck?" fragte Anja.

„Bei dem Rechteck mit den zwei Dreiecken auf jeder Seite mußte ich sofort an einen Pfeil denken, den man in zwei

Richtungen schießen kann", meinte Tante Lis nachdenklich. „Ein Ende zeigt zum Himmel, das andere zur Erde."

Anja hätte gern gewußt, warum Tante Lis in diesem Augenblick an den Himmel dachte, aber sie wagte nicht, danach zu fragen.

Der Sommer in diesem Jahr war anders als sonst. Tante Lis mußte jeden Tag ins Krankenhaus. Ihr Arzt hoffte zwar, daß die „Chemotherapie“ die Krebszellen in ihrem Körper töten würde, aber gleichzeitig, sagte er, würden auch gesunde Zellen absterben. Deswegen würde sie sich sehr krank fühlen.

Jeden Tag lag Tante Lis auf dem Sofa. Manchmal bürstete Anja ihr das Haar, oder sie sahen zusammen fern oder lasen ein Buch. Aber manchmal war Anja es einfach leid, immer mit einem kranken Menschen zusammen zu sein – auch wenn es ihre geliebte Tante Lis war. Dann ging sie fort und spielte mit ihren Freunden.

Tante Lis wurde immer dünner. Oft war ihr den ganzen Tag sehr übel, dann aß sie – wenn überhaupt – nur leichte Krankenkost. Am nächsten Morgen bekam sie im Krankenhaus neue Medizin und fühlte sich danach wieder sehr krank und schwach.

Dann geschah etwas Schreckliches: Tante Lis verlor all ihre schönen braunen Locken. Große Haarbüschel lagen auf dem Sofakissen. Anja sah, daß ihrer Tante die Tränen in den Augen standen, als sie ihre Locken in den Papierkorb warf. Langsam ging sie in ihr Zimmer – und kam mit einer Perücke zurück, die Mutter zuvor gekauft hatte – für alle Fälle.

Wenn Tante Lis abends zu schwach war um aufzustehen, kam die Familie mit dem Abendessen zu ihr. Jeder brachte ein Tablett mit und stellte es sich auf den Schoß. Vor dem Essen dankten sie Gott für die Mahlzeit, so wie sie es immer getan hatten. Jedesmal baten sie auch Gott, Tante Lis zu helfen. Wenn es ihr einmal besonders schlecht ging, gaben sie sich nach dem Essen alle die Hand und sangen ein Lied. Manchmal lasen sie auch einen Psalm aus der Bibel vor.

Die sieben Wochen Chemotherapie vergingen sehr langsam, aber sie wirkte. Die Untersuchungen ergaben, daß die Blutwerte sich wieder normalisierten. Tante Lis konnte wieder essen und lachen. Sogar ihr Haar begann wieder zu wachsen – in lustigen Büscheln und mit vielen kleinen Löckchen.

An einem sonnigen Tag im August liehen sich Tante Lis und Anja ein Kanu und paddelten den Fluß hinunter. Über ihnen hingen die Weiden fast bis ins Wasser hinein. Tante Lis saß vorne, Anja steuerte hinten.

„Jetzt! – Und: Jetzt!“ rief Tante Lis, und im gleichen Moment tauchten sie ihre Paddel ins Wasser. Anja sah, wie der Zweig einer Weide Tante Lis’ schmale weiße Schulter streifte, und mußte an den letzten Sommer denken, als Tante Lis noch braungebrannt und kräftig war.

Und was wird nächsten Sommer? fragte sich Anja. Wird Tante Lis wieder gesund und so stark sein wie früher? Wird sie wieder arbeiten können? Oder wird sie...?

Nein, natürlich nicht. Anja wollte den Gedanken gar nicht erst zu Ende denken. Der Arzt war sehr tüchtig, und er tat wirklich viel für Tante Lis. Gott wird sie bestimmt nicht sterben lassen... nicht, wenn wir immer für sie beten.

Ein Schrei vom Bug des Kanus holte Anja in diesem Moment in die Wirklichkeit zurück. „He, was fällt dir ein?“ schrie Tante Lis einen tiefhängenden Ast an. Ihre Perücke war in den Zweigen hängengeblieben, so daß der Sommerwind durch ihr dünnes Haar strich, während die Strömung das Boot unablässig weitertrieb.

Anja und ihre Tante wendeten das Boot. Zweimal wären sie fast am Ufer hängengeblieben, und einmal mußten sie sogar in das flache Wasser springen, damit das Kanu nicht umkippte. Schließlich erreichten sie den Baum aber doch.

Tante Lis schnappte sich die Perücke, schimpfte noch einmal gehörig mit dem Baum und setzte sich dann die Perücke verkehrt herum auf den Kopf – nur so zum Spaß. Anja konnte sich vor Lachen kaum halten.

An diesem Abend gab es ein gewaltiges Gewitter. Vom Wohnzimmerfenster aus sahen sie die Blitze, und es donnerte fürchterlich. Anja hatte die Vorhänge geöffnet, damit sie genau sehen konnten, wie die grell leuchtenden Blitze die dunklen Wolkengebilde zerschnitten.

Anja legte den Kopf an die Schulter ihrer Tante und fühlte sich sicher. Mochte draußen auch das Gewitter toben – hier im Wohnzimmer war es trocken und gemütlich. Mit der Zeit wurden die Abstände zwischen Blitz und Donner immer länger. Dann prasselte plötzlich der Regen gegen die Fensterscheibe, und man konnte draußen kaum noch etwas erkennen.

Als Anja das Licht anknipste, holte Tante Lis die Patchworkdecke hervor. Heute nähten sie knallrote Zickzackstreifen auf himmelblauen Stoff. Grasgrüne Dreiecke verzierten die Ecken. Anja umsäumte die roten Zacken.

„Es sieht aus wie ein Blitz“, sagte sie, „nur ist es die falsche Farbe. Ob Blitze wohl rot sein können?“

„Ich glaube nicht“, antwortete ihre Tante. „Oder vielleicht doch – bei den entsprechenden Wolken, oder im Nebel...“, meinte sie zögernd. „Aber mich erinnert es auch an einen Blitz.“

Sie hörten, wie der Regen gegen die Scheiben prasselte.

„Blitze zerschneiden tatsächlich den Himmel, findest du nicht auch?“ sagte Anja und versuchte krampfhaft, sich zu erinnern, was sie darüber in der Schule gehört hatte. „Ich glaube, deshalb entsteht auch der Donner: Die Luft, die der Blitz zerschnitten hat, prallt wieder aufeinander.“

„So ungefähr“, murmelte Tante Lis. „Dieses Stück mit den Zacken, das aussieht wie ein Blitz, erinnert mich daran, daß auch Menschen wie durch einen Blitz voneinander getrennt sein können.“

„Wenn sie so böse aufeinander sind, daß sie nicht mehr miteinander reden wollen?“ fragte Anja.

„Ja“, erwiderte Tante Lis. „Oder wenn der eine so weit wegzieht, daß sie sich nicht mehr treffen können.“ Eine Weile saßen sie nebeneinander und arbeiteten an der Decke.

„Oder wenn einer stirbt“, sagte Anja ganz leise. Aber Tante Lis hörte nicht hin.

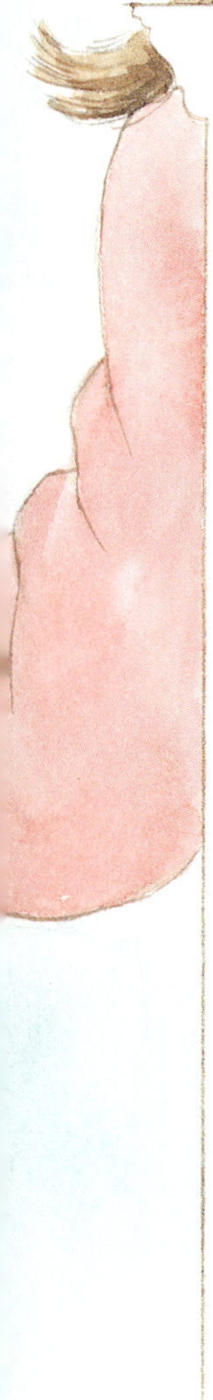

Als der Herbst kam, wurde Tante Lis immer schwächer. Anja bemerkte zunächst nur die kleinen Veränderungen, zum Beispiel die dunklen Ringe unter den Augen. Sie schien noch weniger zu essen als sonst, und ihre Schritte waren auf den Holzdielen kaum zu hören.

Für Anja hatte die Schule wieder begonnen, und auch Martin war nicht mehr zu Hause – er studierte in einer anderen Stadt. Tante Lis kam wieder ins Krankenhaus. Der Krebs war zurückgekehrt. Während Anna Rechnen und Grammatik paukte, wurde Tante Lis Tag für Tag untersucht.

Als sie wieder zu Hause war, verbrachte sie den größten Teil des Tages auf dem Sofa im Wohnzimmer. Jeden Tag fuhr sie ins Krankenhaus – diesmal für eine Behandlung mit Strahlen. Diese Strahlen wurden in besonderen Geräten hergestellt, auf Tante Lis' Körper gerichtet und sollten die Krebszellen dort zerstören. Gleichzeitig wurde aber auch ihre Haut davon rot und wund. Die Strahlen schienen Tante Lis' ganze Kraft zu verbrauchen – sie wurde schwächer als je zuvor. Anjas Mutter gab deshalb ihre Arbeit auf, damit Tante Lis nicht alleine war.

An einem ungemütlichen Tag im Oktober stapfte Anja auf dem Nachhauseweg von der Schule lustlos durch buntes Herbstlaub, das knöchelhoch auf dem Bürgersteig lag. Alles erschien ihr heute trostlos: das Knirschen der Blätter unter den Füßen, der kalte Wind und der strahlend blaue Himmel, sogar der Apfel in ihrer Jackentasche war hart und kalt.

Je näher sie zum Haus kam, desto langsamer wurden ihre Schritte. Sie blickte zur Haustür – und blieb stehen. Im letzten Frühling noch wäre sie zur Eingangstür gestürmt und hätte zwei Stufen auf einmal genommen, aber heute zögerte sie, durchwühlte das Laub mit ihren Füßen, holte ihren Apfel hervor und biß erst einmal hinein.

Schließlich betrat sie das Haus, den Rest des Apfels noch in der Hand. Alles roch nach Krankheit, wie sie es erwartet hatte. Nicht einmal die Gemüsesuppe, die noch auf dem Herd stand, konnte den Geruch vertreiben. Anja warf die Reste ihres Apfels in den Mülleimer. Sie sah einige halbleere Gläschen mit Babynahrung und die fast aufgeweichten Pappbecher mit Eiswasser – das waren wohl die Reste von Tante Lis' Mittagessen.

„Wie geht es ihr heute?“ fragte sie ihre Mutter, die gerade in der Tür erschien.

„Immer gleich.“ Mutters Stimme war fast tonlos.

„Wann geht es ihr denn endlich besser?“ seufzte Anja. „Ich bin’s bald leid, daß Tante Lis immer krank ist.“

Mutter antwortete nicht. Sie blickte zwar in Anjas Richtung, schaute ihr aber nicht in die Augen. Stattdessen schien sie auf einen Punkt hinter Anjas linker Schulter zu blicken.

Anjas Mund wurde auf einmal ganz trocken. „Sie wird überhaupt nie mehr gesund, nicht wahr?“ Sie zitterte am ganzen Körper.

„Tante Lis wird wohl sterben.“ Ihre Mutter nahm sie ganz fest in den Arm und hielt sie so lange, bis sie nicht mehr zitterte.

„Weiß sie es?“ flüsterte Anja. Die Mutter nickte.

„Kann ich mit ihr darüber reden?“

„Ich denke, das würde euch beiden helfen“, stimmte die Mutter zu.

An diesem Abend arbeiteten Anja und Tante Lis wieder an ihrer Decke. Aber dieses Mal saßen sie nicht im Wohnzimmer. Tante Lis saß aufrecht in ihrem Bett, rundum mit Kissen abgepolstert, weil ihre Haut schon so empfindlich war, daß sie nichts Hartes vertragen konnte.

Mutter hatte auf beiden Seiten an ihrem Bett Stofftaschen befestigt, in die Tante Lis alles hineinlegen konnte, was sie brauchte. Ihre Patchworkflicken steckten in einem Korb auf dem Fußboden. Obwohl es schon fast dunkel war, hatten sie die Vorhänge noch nicht zugezogen, denn Tante Lis liebte die Dämmerung.

Eine Zeitlang arbeiteten sie schweigend an dem Herbstmuster, für das sie goldene, feuerrote und olivgrüne Farbtöne ausgesucht

hatten. Das Stück in der Mitte war oval, ziemlich groß und braun. Anja hatte die Idee gehabt, einen Schuh ihres Vaters als Vorlage zu nehmen.

Plötzlich spürte Anja einen Kloß in ihrem Hals, der immer größer zu werden schien, bis sie kaum noch schlucken konnte. Dann platzte sie heraus: „Wird es dir nie mehr besser gehen, Tante Lis?"

„Wahrscheinlich nicht."

„Tante Lis, ich hab dich lieb." Anja legte ihren Arm um die Tante und spürte ihr kurzes, stoppeliges Haar im Gesicht. „Im letzten Frühling dachte ich, du bist gekommen, um bei uns zu leben", sagte sie. „Aber das stimmte nicht. Du bist gekommen, um hier zu sterben."

„Warum tut Gott nichts dagegen, daß du stirbst?" fragte Anja. „Wir haben jeden Tag dafür gebetet, daß du gesund wirst."

Tante Lis schwieg einen Moment lang. Dann sagte sie ganz langsam: „Ich weiß, daß Gott eure Gebete hört. Und ich weiß auch, daß er uns liebt. Aber er gibt uns nicht immer das, worum wir ihn bitten – auch wenn es etwas so Wichtiges ist wie unser Leben. Ich weiß auch nicht warum."

Anja spürte, wie die Wut in ihr hochstieg: Wut auf ihre Eltern, die Tante Lis in ihr friedliches Haus geholt hatten, Wut auf Tante Lis, weil sie krank war, Wut auf die Ärzte, die sie nicht gesund machen konnten – und sogar Wut auf Gott.

Tante Lis schien ihre Gedanken zu erraten. „Manchmal, wenn ich meinen dünnen, kranken Körper betrachte, könnte ich glatt verrückt werden", meinte sie. „Das bin ich nicht, so möchte ich nicht sein."

Sie schlug sich auf ihr dünnes Bein. „Ich weiß nicht, warum Gott dies alles zuläßt. Aber ich weiß, daß er versprochen hat, die Menschen, die ihn lieben, nie allein zu lassen. Ich muß immer daran denken, wenn ich diesen großen Fußabdruck in unserer Decke sehe. Ganz gleich, was auch passiert, Gott wird bei mir sein. Sogar wenn ich sterbe, werde ich nicht allein sein."

Es wurde Winter. In den Weihnachtsferien kam Martin nach Hause. Anja bemerkte, wie erschrocken er war, als er Tante Lis sah. Von Kissen gestützt, saß sie in einem Krankenhausbett in ihrem Zimmer und wirkte sehr krank und zerbrechlich. Er gab ihr sanft einen Kuß, strich über ihr kurzgeschnittenes Haar und ging dann schnell in sein eigenes Zimmer, wo er die Tür hinter sich schloß.

Wenn Martin sonst nach Hause kam, war immer viel los: Er lud Freunde ein und hörte Musik. Dieses Mal aber ging Martin oft weg. Er nahm höchstens manchmal die Gitarre und spielte leise in seinem Zimmer. Anja vermißte ihn sehr.

Weihnachten begann grau und ungemütlich. Am Heiligen Abend fielen zarte Schneeflocken vom Himmel und schmückten die schwarzen Tannen mit weißen Spitzen. Im Kamin knisterte das Feuer. Ein Chor sang im Radio Händels „Messias", während alle ihre Päckchen öffneten.

Alles schien in diesem Jahr ruhiger und bedächtiger zu sein. Tante Lis kroch auch nicht auf dem Boden umher, um möglichst alle Geschenke auf einmal zu sehen – wie im vergangenen Jahr. Schmal und zerbrechlich saß sie auf Kissen gestützt in ihrem Rollstuhl. Aber auch sie hatte Geschenke gekauft. Für Anja hatte sie in einem Katalog einen leuchtend grünen Pullover ausgesucht.

Anja hatte lange überlegt, was sie Tante Lis schenken könnte. Was soll man jemandem schenken, der bald sterben wird? Schließlich hatte sie sich für ein großes Bilderbuch entschieden, das Tante Lis ihr so oft vorgelesen hatte, als sie noch ein kleines Mädchen war.

Und Tante Lis erinnerte sich daran – das zeigte das Lächeln in ihrem Gesicht. Sie würden es wieder lesen.

„Halleluja“, ertönte es aus dem Radio. „Alle Reiche dieser Welt gehören unserem Herrn und seinem Christus, und er wird regieren von Ewigkeit zu Ewigkeit.“

„Eigentlich müßten wir alle viel fröhlicher sein“, sagte Tante Lis. „Und am liebsten würde ich vor Freude über diese gute Nachricht tanzen. Im Moment schaffe ich das zwar nicht, aber“ – sie schaukelte erwartungsvoll in ihrem Rollstuhl – „es dauert nicht mehr lange, dann bin ich wieder so munter wie ein junges Fohlen – wenn ich erst bei Jesus bin.“

Tante Lis schien wirklich voller Erwartung zu sein – und man mußte sich einfach mit ihr freuen.

Anja sprang auf. Sie warf sich den neuen grünen Pullover über die Schultern und tanzte durch das Wohnzimmer. Hin und wieder streichelte sie Tante Lis über das Gesicht, die mit ihren Händen den Takt schlug. Dann erklangen die Trompeten zum Schlußakkord, und der Chor sang: „König der Könige, Herr aller Herren, halleluja."

Im Januar wurde es eisig kalt. Die kahlen Bäume warfen lange Schatten auf den Schnee. Jeden Tag kam ein Pfleger aus dem Krankenhaus, um Tante Lis zu versorgen. Direkt neben ihrem Bett stand jetzt eine Sauerstoffflasche, die angestellt wurde, wenn Tante Lis nur schwer Luft bekam. Anja besuchte ihre Tante immer direkt nach der Schule. Jeden Tag schien sie schwächer zu werden.

An einem trüben Nachmittag holten sie noch einmal ihre Patchworkdecke hervor und begannen mit dem Wintermuster: einem großen weißen Kreis, der von grauen und schwarzen Stoffstückchen eingerahmt wurde. Tante Lis lehnte sich auf ihren dünngewordenen Ellbogen und versuchte, mit der anderen Hand zu nähen. Aber in dieser Lage konnte sie nur schwer atmen. Sie machte eine kleine Pause, um sich auszuruhen.

„Diese Decke gleicht dem Leben, Anja“, sagte sie. „Auf der einen Seite stichst du die Nadel ein, und auf der anderen ziehst du sie wieder heraus. Sie ist immer noch da, aber du siehst sie nicht mehr.“

Anja ließ das Nähzeug sinken und schaute ihrer Tante in die Augen. „War es nicht auch so bei Jesus?“ fragte sie. „Er ist gestorben und wieder lebendig geworden, und er ist jetzt bei Gott.“

„Ja, und ganz ähnlich ist es auch mit uns“, erklärte ihre Tante. „Menschen, die Jesus lieben, müssen zwar sterben. Aber dann sind sie bei Jesus. Im Himmel beginnt ein neues Leben.“

Anja nickte, und sie merkte, daß sie zitterte. „Aber ich werde dich ganz schrecklich vermissen“, sagte sie mit Tränen in den Augen.

„Ich weiß“, erwiderte ihre Tante. Sie gab Anja ihre Näharbeit. „Ich glaube, du wirst wohl die Decke für mich fertignähen müssen.“

Dann lehnte sie sich in ihre Kissen zurück, und ihr Atem wurde ruhiger.

Früh am nächsten Morgen hörte Anja flüsternde Stimmen aus dem Nebenzimmer. Noch halb schlafend ging sie zu ihrer Tante hinüber. Vater und Mutter waren schon beide dort. Die Sauerstoffflasche stand direkt neben Tante Lis, und Anja sah, daß sie angeschlossen war. Tante Lis atmete sehr schnell und flach.

Vater ging an diesem Tag nicht zur Arbeit, und auch Anja blieb zu Hause. Mutter rief Martin an, damit auch er nach Hause kommen konnte. Abwechselnd saßen Vater und Mutter an Tante Lis' Bett, hielten ihre Hand und sprachen mit ihr. Manchmal sah es so aus, als würde auch sie die Hand drücken, die sie tröstete, aber sie öffnete die Augen nicht.

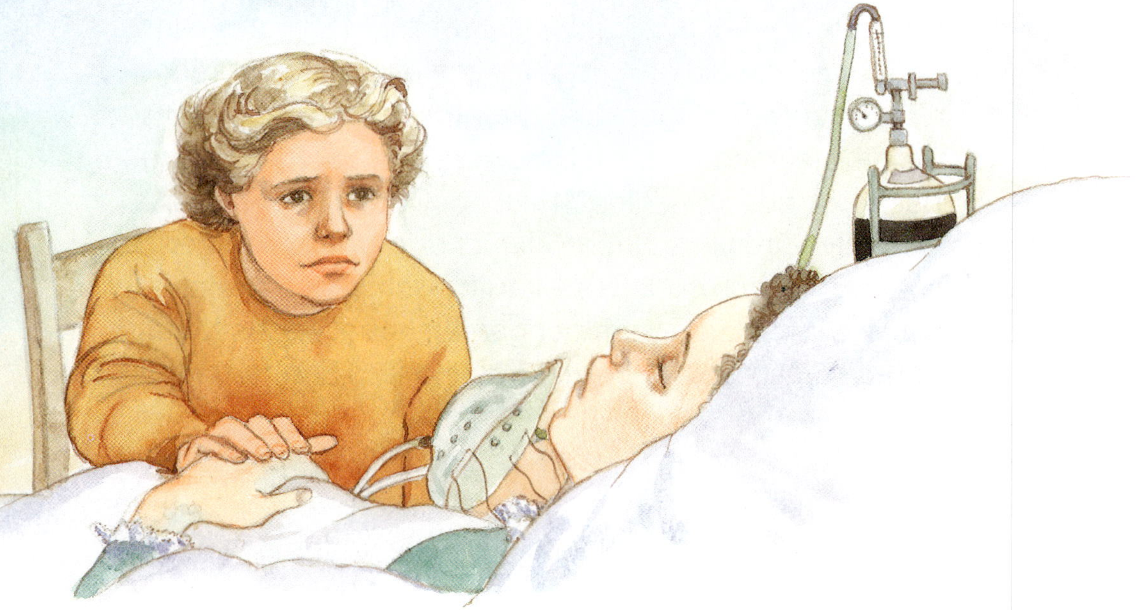

Am späten Nachmittag verließen Tante Lis immer mehr die Kräfte. Anja stand mit ihren Eltern neben dem Bett. Vater nahm die Bibel und begann daraus zu lesen:

„Ich bin gewiß, daß weder Tod noch Leben, weder Gegenwärtiges noch Zukünftiges uns scheiden kann von der Liebe Gottes, die in Christus Jesus ist, unserm Herrn“ (Römer 8, 38.39).

Während der Vater noch las, schlüpfte Martin ins Zimmer, die Gitarre in der Hand, und fing ganz leise an, das Lieblingslied ihrer Tante zu singen: „Jesus Christus ist der Sieger...“

Dann bemerkten sie, daß Tante Lis nicht mehr atmete. Sie umarmten sich alle und weinten.

Ein paar Monate später, die Frühlingssonne schien warm vom Himmel, breitete Anja die gerade fertiggestellte Patchworkdecke auf dem Rasen zum Trocknen aus. Die Mutter hatte ihr geholfen, die Stücke alle ineinander einzupassen und die Decke zu säumen. Anja selbst hatte jedes einzelne Stück der Decke abgesteppt, und mit der Zeit waren ihre Stiche kleiner und gleichmäßiger geworden. Zum Schluß konnte sie kaum noch sagen, welche Teile sie und welche Tante Lis zusammengenäht hatte. Jedes Muster der vier Jahreszeiten war für sie mit besonderen Erinnerungen verbunden.

Verschwommen erinnerte sie sich an die Kälte im Januar, an das Haus voller Menschen und an Tante Lis, die in ihrem langen blauen Kleid ausgesehen hatte, als schliefe sie. Viele hatten geweint bei der Beerdigung. Mehr noch aber dachte sie an die vielen Blumen, die Musik in der Kirche und die Worte, die der Pfarrer vorgelesen hatte: „Jesus sagt: Wer an mich glaubt, der wird leben, auch wenn er stirbt.“

Anja sah, wie die warme Sonne auf die Decke schien, die sie im letzten Jahr mit Tante Lis gemacht hatte. Alles war so hell und fröhlich. Anja konnte sich plötzlich sehr gut vorstellen, daß ihre Tante Lis jetzt bei Jesus lebt, wo niemand weint. Bestimmt ist auch das Gras dort noch viel grüner und der Himmel viel blauer.